TSUKUBASHOBO-BOOKLET

暮らしのなかの食と農――60

新制度 卸売市場のあり方と展望

細川允史 編

Hosokawa Masashi

筑波書房ブックレット

目次

はじめに

平成28年10月６日の内閣府規制改革推進会議提言で始まった卸売市場改革が、平成29年12月８日の政府発表「農林水産業・地域の活力創造プラン」で、一応の方向性の決着を見た。途中経緯は省略すれば、卸売市場制度は認可制から認定制に変わったのがもっとも大きな変化である。法的整備はこれからであり、平成30年頭から始まる通常国会に上程されて具体的検討が始まる。細部までの整備には１年余を要し、整備終了後、新制度に移行することになる。

認定制卸売市場には利点もある。卸売市場関係各位は、新制度をよく研究・理解し、卸売市場活性化の熱意をさらに燃やしていただきたい。

本書は、昨年度の第６回卸売市場研究会向けに出版した『激動に直面する卸売市場』に引き続き、第７回卸売市場研究会のテキストとするべく、『新制度卸売市場のあり方と展望』としてまたまた緊急出版するものである。

今回は、準備時間の関係で、筑波書房のブックレットという小冊子の体裁とした。制度改革はまだしばらく続くので、卸売市場政策研究所として､引き続きフォローし､卸売市場の活性化に役立てたいと願っている。

編者・細川允史

第Ⅰ章　新制度卸売市場のあり方と展望

細川允史（卸売市場政策研究所）

第１部　新制度卸売市場の解説編

１　新制度『活力創造プラン』の概要

新制度の概要は、『農林水産業・地域の活力創造プラン』のなかの「生鮮食品等の公正な取引環境の確保」と題した大項目に記されている。以下に要約する。

①生鮮食品等の公正な取引環境の確保のため、農林水産省が調査を行い、不公正な取引が確認された場合は公正取引委員会に通知する。

②国が示す共通ルールを遵守し、公正・安定的に業務運営を行える卸売市場を国又は都道府県が認定し、指導監督する。つまり、卸売市場の開設をこれまでの認可（許可）制から認定制にした。共通ルールは、差別的取扱いの禁止、受託拒否の但し書き付き禁止、諸事項の公表（４項目)、の６項目である。

③一定水準以上の規模は中央卸売市場とし、それ以外は地方卸売市場に振り分け、それぞれ国と都道府県が認可者となる。開設者の属性は問わない。つまり民設でも中央卸売市場になれる。

④②と③以外は国による一律の規制等は行わず、各市場が創意工夫を活かした取組を行うことで卸売市場を活性化する。共通ルール以外の取引ルール（第三者販売、商物一致（分離)、直荷引など）のあり方は各卸売市場で取り決める。その際、関係者の意見を聴くなど

公正な手続きを踏むことを義務づける。

⑤卸売市場法及び食品流通構造改善促進法を改正する法案を次期通常国会に提出する。

としている。

2　食品流通構造改善促進法への条文入れこみとの関係

公正な取引環境について、「生鮮食品等の公正な取引環境の確保のための調査等」が新たに加わった。これはサプライチェーン全体を対象とするもので、市場取引だけを取り上げたものではないとされ、法制度としてこの部分は、卸売市場法ではなく、食品流通構造改善促進法に規定するとした。

公正取引の確保のために、国が調査を行い、買い手側の不公正取引（優越的地位濫用等）について見つけたときには公正取引委員会に通知する、と明記したのは大きな前進である。

3　認定制卸売市場とは

国が2017（平成29）年12月に各地で開いた説明会で、認定制卸売市場についてかなり明確になってきた。

①認定制の対象は「申請者である開設者」とされ、基本方針にある「指導・検査監督する」対象になるのは開設者である。つまり、中央卸売市場なら国、地方卸売市場なら都道府県が認定権者（認定を認める立場）で、申請者である開設者に指導・検査監督に来るということになる。何を指導・検査監督するかというと、おそらく、共通ルールの遵守状況のチェック、市場運営体制（開設者、卸売業者、仲卸業者など）の状況確認だろう。

これまで認可制の元では、例えば中央卸売市場であれば国が検査に来て、卸売市場法に規定されている開設者への検査というのはおそらくしたことはなく、専ら卸売業者への検査に集中していた。検査は厳しく、卸売業者はいろいろな思いもしたと思うが、認定制卸売市場下では、卸売業者に国（地方なら都道府県）が検査に来ることはない。これは大きな変化である。

②もし、卸売業者が共通ルールなかんずく差別的取扱いの禁止や受託拒否禁止に違反する行為があった場合は、開設者を通しての指導が基本になる。開設者が適切に処理しなかった場合は、開設者が認定を取り消されるという影響が出る場合はある。これまでのように、国が卸売業者を直接監査して、処罰したり社長が辞任したりすることはなくなる。

③開設者が国又は都道府県に認定制卸売市場の申請をするときに必要な内容（書類）は、共通ルールの遵守（誓約書？）と卸売市場の運営体制図・資料のみである。それで審査されるので、その卸売市場の構造とか施設の種類などはいっさい問われないことになる。

つまり、卸売市場に、例えば道の駅、販売施設、観光客対応施設などをつくってもおとがめなし、ということになる。むしろ、「活力創造プラン」の名前からすると、各地域に根ざした創意工夫で、多機能化を目指すことは政策の本旨にかなうということになる。

卸売市場単独では利益体質とならず、卸売市場の維持が困難化する中で、国が創意工夫できる制度として認定制卸売市場としたことは、むしろ、これが本当のねらいではないか、と思うほどである。

⇒第２部あり方編参照。

④開設区域制は実情に合わないので廃止する、と説明会で明言している。これについては第３部各卸売市場設定のあり方編参照。

⑤卸売業者は誰が認可・認定するのかということであるが、これまで、

中央なら農林水産大臣が、地方なら都道府県知事が行ってきた卸売業者の許可は、認定権者（国か都道府県）は直接関わらないことが明確になった。開設者が国又は都道府県に認定申請するときには、市場運営体制の資料を添えなければならず、それには卸売業者の社名と組織図などが入っていることは明らかである。従って、開設者は登録した卸売業者を卸売業者として認定していることは間違いないが、開設者が認定するかというと、国はそこまではまだ決めていないということのようである。

現実には、１年余後に予定される新制度発足時に、まったく新しい卸売市場が発足することはほとんど考えられないので、現行体制をそのまま市場運営体制として認定制卸売市場の申請資料につけるのであるから、問題はないのであるが。

⑥現在、都府県立の卸売市場が存在する。都府県は新制度では地方卸売市場について認定し、指導・検査監督をしなければならない。従って、都府県立の地方卸売市場というのは、指導・検査監督をする立場とされる立場が同一人格となるので、整理が必要である。

⑦認定制卸売市場では開設者の属性を問わない、となっているので、一定水準以上の規模を有する民設民営卸売市場は、中央卸売市場になる、つまり民設民営の中央卸売市場が登場するということになる。これも、新制度の特徴である。

⑧認定制卸売市場では、共通ルール以外の取引ルールについては、各卸売市場でルール設定をすることになっている。設定の際、卸売業者や仲卸業者などの市場関係者の意見を聴かなければならない、となっている。

⇒この具体的運用についてのアドバイスは、第２部あり方編で詳述している。

4　まだ決まっていない事項についての意見

①同一卸売市場で、部類ごとに一定水準以上の規模の線引きを行うと、部類により、国と都道府県の認可と分かれる可能性がある。これは第８次方針以降の中央卸売市場の地方化、中央拠点市場の指定にも生じたことであるが、開設者はひとつであり、このような無駄で非効率な制度はとるべきではない、中央か地方かは統一するべきであると考える。

②花き市場と食肉市場について、単独卸売市場であれば、一定水準以上の規模による仕分けというのはどうするのが適切か。総合市場における花き部は、水産、青果による仕分けに従うという考え方もあると思う。花きだけ中央というのは不自然である。

③卸売市場の構成要素（卸売業者、仲卸業者、売買参加者、関連事業者など）はおそらく卸売市場法で規定されると思うが、これを各開設者が決めるとなると全国的な統一性もあり、困難があるのではないか。

④再上場の禁止、委託買付は合法か違法か、場外保管場所の指定、卸売業者の役員の仲卸業者等の役員兼務の禁止、販売原票（取引の原始記録）のあり方、などの多くの細部にわたる規定を新制度ではどう扱うか。

⑤第三者販売、商物分離、直荷引の規制なしで、卸売業者と仲卸業者は同列化ともいえるが、これについてどう規定するか。例えば、卸売業者が欠けた場合、集荷力ある仲卸業者がいれば、それを卸売業者として開設者が認定すれば解決する。

⑥認定の返上規定、中央卸売市場指定の辞退の規定はあるかどうか。

⑦取扱品目の法的規制はどうなるか。コメや雑穀などを扱うことも、新制度の趣旨を踏まえると各卸売市場の判断ということになるよう

にも思える。

⑧部類という考え方の流動化の容認。魚菜市場（魚菜部）、青果花き部など。各卸売市場で自由に設定できるとするのか。

第2部　制度としてのあり方編

この部は、これから通常国会に法案を上程し、その後も細部を詰めて1年程度をかけて新制度を確立する、とする国の方針によって、まだ決まっていない制度（法案、全体として決めていく細部）について提言するものである。

1　卸売市場として基本とすべき卸売市場戦略

①公的役割の遵守

新制度で残された、差別的取扱いの禁止と受託拒否禁止の２原則の遵守により、零細規模の生産者・出荷者と小売等の業者の出荷先・仕入れ先の確保という公的役割を軸とした卸売市場の特徴をこれからも守り、発展させることが大切である。

差別的取扱いの禁止の具体化⇒入荷量のうち仲卸業者や売買参加者の必要量充足の余剰を第三者販売に回せる。こうすると、第三者販売を行ったとしても差別的取扱いはない。

②全方位型

卸売市場に出荷された品物の行く先には、小売などの需要者の背景として消費者がいる。消費者の買い物先は多様であることから、消費者の視点で考えれば、卸売市場はすべての需要者に対応することが公的役割である。需要者に大企業が含まれているとしても、卸売市場のルールを守って仕入れている限りは、受け入れるのに問題はないはずである。もし、優越的地位濫用などの行為があれば、「農林水産業・地域の活力創造プラン」では、公正取引委員会に通知するという方針もある。

③あくまでも現物流通が基本

市場企業は、第三者販売、商物分離、直荷引のあり方は各卸売市場で決めるとなっていても、だからといって現物が卸売市場を通らない取引をむやみに拡大するのはいかがか。いくつかの卸売業者に第三者販売についてどう思うか、と聴くと、第三者販売を増やそうとすると、社員を増やさなければならない。しかし第三者販売はリスクが大きく、これ以上は増やすつもりはない。利益は上がらないが、毎日、現物を扱うことが基本と思っている、とほぼ同じ答えである。

現物流通に伴う透明性の高い取引ルールは、現行卸売市場法にたくさん規定されている（緩和されている規定もあるにはあるが）。これが、各卸売市場で共通ルール以外の取引ルールについて独自に決める際の基本でなければならない。

２　「一定水準以上の規模」による仕分け法について、第１種～第４種という機能分類の提案

（1）線引きは厳密かつ実態を反映した分別方式に

線引きの具体的基準として単なる取扱量の多寡や施設規模というような数値による線引きだけだと、卸売市場の機能を正確に表さない。

また、現在、中央卸売市場として認可を受けているところは今後も中央卸売市場として継続されることがあるとすると、既得権の如くなし崩し的に現状維持の方向に行くのは望ましくなく、「一定の水準による線引き」を、今回の卸売市場改革の目玉とするべきである。そうでないと、民設も中央卸売市場として認める、とした斬新性も相殺されかねない。

ただ、地方の都市で、都道府県内に主要な販売範囲がとどまる中央

卸売市場は多い。中央卸売市場はこれまで、国による認可とされ、今回改革では中央と地方という呼称が残されたので、このあたりの事情は考慮する必要がある。ただし、小規模だが現在中央卸売市場となっている卸売市場については、地方とされる線引きよりも小さいというのは、既得権になるので認められない理屈である。

（2）第１種～第４種に分けた機能分類

「中央」と「地方」という呼称は今回改革で残されたが、この言葉が持つ差別性が気になる。地方になることによる「格落ち感」は現に存在する。

そこで筆者は、差別感が少ない用語として、漁港の呼称があると思い至った。漁港は、第１種（地元の村単位の機能、2134港）、第２種（第１種と第３種の中間、519港）、第３種（全国的規模、101港）、特定第３種（第３種のうち、水産業の振興に特に必要として政令で定める漁港、13港－八戸、気仙沼、石巻、塩竈、銚子、三崎、焼津、境、浜田、下関、博多、長崎、枕崎）。

一般的な用法として、第１が第３よりも上という印象もあり、呼称だけでは優劣は定かではない。そこで、漁港の分類表記を援用して、卸売市場に当てはめてみると、**表１**のようになった。

表１のように分類すると、卸売市場の性格が明確になる。それぞれが必要な機能を有しているので、上下関係はない。それに必要な行政的支援が行える。補助金についてもその点への配慮が求められる。

これらは優劣ではなく、機能による分類であり、差別感はないと考える。さらに相互支援による卸売市場機能の向上を目指せる。→例えば首都圏連合市場構想など。

さらには、認定制により市場外の流通機能との連携も、創意工夫により高い自由度で取り組めることから、全体として流通機能の高度化

表１　卸売市場の機能による分類

種　別	機　能　に　よ　る　分　類　内　容	認定権者
第１種	都道府県内の一部の地域を対象としたローカル市場→多くの地元機能の民営市場と一部公設卸売市場も含む（地方）	都道府県
第２Ａ種	県庁所在都市や人口が相当数ある市などで、都道府県でかなりの規模を持つが、影響範囲が主として単一都道府県内にとどまる市場で第２Ｂ種より小規模。小規模中央卸売市場を含む。（地方）	都道府県
第２Ｂ種	単一都道府県内中心の活動だが、県内では大きなシェアを持つ。卸売市場の活動範囲から見ると地方で認定権者は都道府県だが、中堅の多くの中央卸売市場を含むことから、現行制度で国の認可であった中央卸売市場について、規模による選別となるので、線引きは今後の課題であることから、現時点では（中央または地方）とする。	国または都道府県
第３種	都道府県境を超える大きな地域の拠点となっている市場または青果または水産の取扱額が 500 億円程度を超える規模を持つ卸売市場。現在の大型中央卸売市場のほか、大型民設民営卸売市場も数市場含まれる。（中央）	国
第４種	都府県をまたがった巨大人口密集地域における拠点機能と広域集荷支援機能がとりわけ大きい市場。第 4 種は、大きな拠点機能と、広域集荷支援機能を有する故、わが国卸売市場の骨格を支える重要機能として位置づける。東京・築地－豊洲（水産）、大田（青果）、大阪本場（水産、青果）に限定される。（中央）	国

により、生産者・消費者双方への大きな効果が期待できると考える。

なお、機能と規模はほとんど比例しているので、『活力創造プラン』において仕分け基準を「一定水準以上の規模」としていることとも矛盾がなく、漁港方式等、機能による分類、その具体化という位置づけでよいと考える。

(3) 公民連携の方向が示唆される

こうしてみると、認定制卸売市場では、認定権者（国または都道府県）は、卸売市場開設者からの認定申請を受けて認めるだけで、積極的に、国レベルないし各都道府県内レベルでの卸売市場の再編整理に乗り出すというしくみではない。消極的な印象を与える。

現行法下では、各都道府県は管内の整備計画をつくることになっていたが、管内の卸売市場の再編整理を積極的に取り組んだというのは一部を除いてはほとんどなかった。自身が卸売市場を開設していないと、実質的には発言力がなかったということである。その意味では、今後も、国または都道府県が積極的に卸売市場再編に取り組むと言うことは期待できない。まして、広域化して都道府県境を超えた広域の再編という課題は、行政に期待することはまず無理と言うことが明確になった。しかし、広域の再編はこれから必要であり、それをどうするか、が課題である。

その答えは、企業も入った公民連携によるプロジェクトということになるだろう。その折には、純粋な公設卸売市場ということでなく、第三セクター方式も注目される。これからのわが国卸売市場の将来像を作る上で、もっとも大きな課題はこの点と考えている。

3　第1種～第4種の機能分類を基にしたわが国卸売市場の機能強化

わが国の卸売市場について、機能を基として**図1**のピラミッド図を作成した。それぞれの機能の卸売市場はいずれも必要である。それらの連携でわが国の農漁業振興と、消費者へ円滑に届けることが実現できる。

もとより、市場外流通との連携も視野に入れている。各地の卸売市場がばらばらに存在して、それぞれが地元で卸売市場の機能を果たすというのでは不十分で、第4種を全国的な結節点としながら、全体として有機的に結びつきながら機能を発揮していく政策展望が、もっとも明確に未来が見える方向と確信する。

その意味では、認定制卸売市場となって、各開設者が自主的に認定を国又は都道府県に申請するという自主性を前提とした卸売市場制度だけでは不足であると考える。

今回改革に、この視点を入れていただければ幸いである。

図1　機能を中心とした種別分類

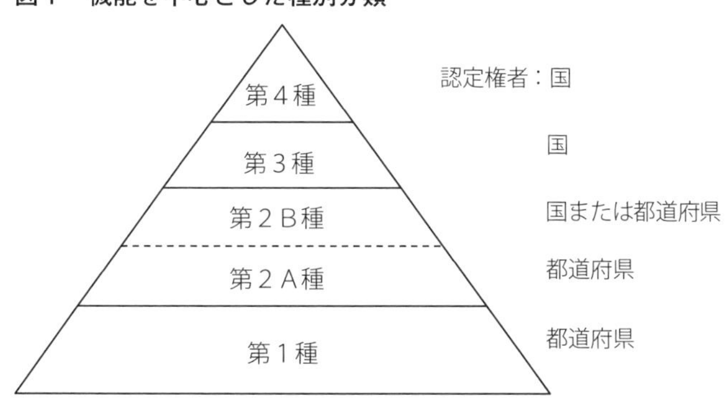

4　中央と地方の分別と部類との関係

新制度で政府は中央卸売市場と地方卸売市場の呼称と分別をする方針を出した。これについては、部類との関係について、検討が必要である。

(1) 部類別の「基準分別」の課題

第８次卸売市場整備基本方針以来、導入された中央卸売市場の地方化などの方針で、分別は部類ごとに行った。そのため、同じ卸売市場で部類により中央と地方が分かれる場合が出た。同じ考え方を導入すると、中央と地方の分別に当たっては、単独部類の場合は、基準による分類で済むが、複数部類の場合には、開設者が同じ卸売市場で部類ごとに国と都道府県に認定申請を出すのは不自然ではないだろうか。国と都道府県双方が指導・検査監督に入るというのはおかしい。ある部類が中央に該当すれば、全体を中央とするのが合理的ではないだろうか。

また、「一定水準以上の規模」による分別は、水産、青果、花き、食肉の４部類いずれについても設定するのだろうか。そうすると、例えば、花きのみ中央該当で、他は地方該当の場合、全体として中央というのは、卸売市場における水産、青果の比重を考えればそれでいいかどうかの疑念も生じる。この疑念に従えば、中央かどうかを認定する対象部類は水産と青果ということになるが、それでいいかどうか。

食肉市場については、一部の例外を除いてほとんどが単独卸売市場となっている。卸売市場経由率も低く、食肉市場間の規模の大小は明らかにあるものの、水産、青果のような拠点性という点では、性格が異なると考える。現状では中央卸売市場10市場、地方卸売市場29市場あるが、食肉市場の特別な機能・役割を考慮しつつ、第１種～第４種にどう当てはまるのか、筆者も考察中である。なお、食肉市場における建値市場としての性格等については、本書第Ⅱ章で東京食肉市場（株）のレポートがあるので、参照されたい。

(2) 複数卸売市場を持つ開設者の問題

複数の卸売市場を持つ開設者については、「一定水準以上の規模」による仕分けについて問題がある。仕分けが開設者で包括なのか、卸売市場ごとなのか。包括だとすると、前項２、３で述べた機能の分析があいまいになる。卸売市場ごとだと、中央と地方に分かれる場合がある。その場合、開設者はひとつで中央と地方の卸売市場を抱えることによる包含的な名称をつけることなどを検討する必要がある。

(3) 都府県立の卸売市場について

第１部３の⑥でも述べたが、都道府県は地方卸売市場と分別された卸売市場についての認定権者である。その都道府県が自ら地方卸売市場を開設運営すると、申請者と認定権者が同一人格ということになる。これについての整理が必要である。

(4) 部類統合等の自由について

卸売市場の部類について今は卸売市場法で設定されているが、認定制卸売市場となれば、より自由に設定できるとなるかどうか。改訂される卸売市場法にどう規定されるかはまだ不明だが、現行の、青果、水産、花き、食肉が基本となることは変わらないだろう。しかし、部類ごとに独立した卸売業者や仲卸業者がいることを前提とした制度は、すでに崩れている卸売市場もある。複数部類を同じ卸売業者が経営する場合は、部類呼称に影響するのではないだろうか。例えば魚菜部（水産＋青果）、青果花き部、さらに総合的呼称、などで、認定制卸売市場であれば卸売市場が自由に設定してよいのではないだろうか。

5　現行卸売市場法で規定されている諸事項についてどうするか

①卸売業者、仲卸業者、売買参加者、関連事業者など、卸売市場を構成する業種について統一的に設定するのか、各卸売市場設定とするのか。各卸売市場設定とすると、全国的にばらけてくる恐れがある。

②第三者販売、直荷引のあり方を各卸売市場設定とすることによって、集荷と販売について、卸売業者と仲卸業者は同列となる。もし、卸売業者がいなくなっても、集荷力ある仲卸業者を開設者が卸売業者として認定できるとする必要がある。

③卸売業者と仲卸業者どうしの役員の兼務の禁止、再上場の禁止、委託買付の禁止、場外保管場所の制限、卸売における原始記録（販売原票）の義務づけ、受託品検査の扱い、即日上場原則、その他、現行卸売市場法で規制されている細部の条項については、各卸売市場設定か国で統一的規定をつくるのか。その場合、中央と地方で異なる内容とすると、その根拠は何か。

④開設者による卸売業者や仲卸業者への検査について統一的な規定は設けるかどうか。また、卸売業者がオーナー（開設者）である民設民営卸売市場については、検査のあり方はどうなるか。検査結果の出荷者への開示も検討課題である。

第３部　各卸売市場設定のあり方編

各卸売市場で設定するとされている事項についてのアドバイスである。

1　開設区域制に代わる公的役割を守る考え方について

開設区域制は「現状にあわない」ので廃止と国から説明されている。公設卸売市場においては、開設区域が明示されないと、開設自治体が卸売市場に支出する公金の根拠が説明できなくなるとして反対の声が多い。しかし、開設区域と現実の卸売市場の勢力範囲に大きな差があり、説明がつかなくなっているのも事実である。

そこで筆者はこう考えた。卸売市場の責務に差別的取扱いの禁止がある。そこで、入荷品の販売先は仲卸業者や売買参加者を優先する。彼らの仕入れが充足した後で、余剰の入荷品については卸売業者は販売自由という､「卸売市場所属業者優先原則」を各卸売市場の取引ルールで規定すると、なんの問題もないことになる。開設区域という地域を線引きするから、そこから大きくはみ出した販売先について、自治体の公金を使ってなんだ、と言う議論が出てくる。優先原則を守れば、それを超えた部分というのは、施設面でもそれほど余計な資金を要しているわけではなく、その卸売市場が力強く存在していけるためにも、それは容認されてしかるべき、ということで納得してもらえると考える。

つまり、地域の線引きから販売の相手方を地元優先にするという対象を移すという考え方である。これを提案したい。

なお、2017（平成29）年12月に国が各地で開いた説明会で、「開設区域制は、実際のエリアと相当の乖離が生じていて実情に合わないので廃止する。ただし、第三者販売などその他のルールで開設区域的な概念が必要となる場合は各卸売市場がそれぞれで規定することは可能である。」としている。各卸売市場が開設区域を設定できるということは公設卸売市場にとっては救いとも言えるが、開設区域と実際の活動エリアの乖離（規模が大きすぎても小さすぎても）については開設者に説明責任が全てかかってくるので、かなり厳しい立場になりかねない。

2　取引ルールの自主的決定について

共通ルール以外の取引ルールの取り決めに当たっては、市場を構成する卸売業者や仲卸業者等に意見を聴くことを義務づけていることから、よほどの力関係の偏在がある場合を除き、特定の業者が特別に有利な結論にはなりにくい。

第三者販売、商物分離、直荷引のあり方についても、利害が一致しない関係者が会する場での協議では、現状維持（追認）を基本とした方向になる可能性が高く、極端な偏りになる可能性は低い。これは、極端な自由化により、卸売市場の実態が失われては本末転倒となることから、望ましいことと評価する。論者によっては、第三者販売等を各卸売市場が決定となると、「大型企業が進出する」という発言も目にするが、見当違いである。

3　第三者販売、商物分離、直荷引についての協議について

2016（平成28）年10月6日提言の目玉であったのが「合理的理由のない規制の廃止」で、その焦点は第三者販売、商物分離、直荷引の規制廃止であった。これが、各卸売市場における取引ルールの自主的設定ということになり、しかも設定にあたっては市場企業の意見をよく聴くこと、という条件も付されたことにより、基本的には現状維持で

落ち着く可能性が高い。

より理想的な設定方法として、筆者が某公設卸売市場で提案したのが、全員で情報公開して協議する、という方法である。卸売業者はいま行っている第三者販売について取引先、品目、数量などを仲卸業者に公開し、仲卸業者が出来る場合は仲卸業者に譲ることとする。直荷引についてはその逆になる。もし出来なければ、その卸売市場の取扱い規模を維持する（他に商談を取られない）ために、第三者販売や直荷引を認めることとする。ガラス張りで決めれば納得がいくはずである。参考としてお伝えする。

4　取引ルール等の市場での一致か独自性容認か

各卸売市場が取引ルールを決める場合、その卸売市場の共通ルールとすることを強要せず、卸売業者や仲卸業者が企業として個別にルールをつくることも容認しなければならない。例えば、委託手数料、各種奨励金、などについては卸売業者ごとに方針が違うのは当然で、これを無理に一本化することはあってはならない。このようなものの設定自体が、卸売会社間競争の材料であり、それが卸売市場発展の原動力となる。

その視点で言うと、説明会での国の発言には問題がある。国は、企業間の競争の確保の視点から、市場統一ではなく、企業ごとに違うことを認めるべきではないか、と言う質問について、「市場ごとに統一するべきという考えだ。」と答弁したと伝わっている。そうすると、2017（平成29）年４月から花きで（株）大田花きが思い切った委託手数料体系の変更を行ったが、同じ卸売市場のもう１社は異なる方針である。第三者販売、商物分離、直荷引きについても市場企業ごとの独自性があっていいはずである。

各卸売市場で取引ルールを定める際に、卸売業者、仲卸売業者などの関係者の意向を十分聞くことを義務づけている。これは卸売市場の自主的運営のために必要なことで支持するが、取引ルールのうち、卸売市場全体で決めなければならない事項はどれだけあるだろうか。

５　「足し前問題」の各卸売市場での取引ルールによる解決について

委託買付については、これをOKとすると、出荷者の要求で卸売価格に「足し前」をして送金したとしても、その卸売業者側の資金的出所は合法的に出せるので、問題は解決する。出荷者と卸売業者の関係は商売の相手とすると、このような商談もありうるので、それで卸売業者が損をしたとしても、それは経営の問題。いまのように委託買付が違法なので「足し前」の出金根拠がなく、税務署に入られて「使途不明金扱い」で５割の税と重加算税を取られるよりいい、とは多くの卸売業者の言である。出荷側のこのような要求に卸売業者はなんでも承諾するのではなく、そうしてもどうしても欲しい荷という場合のみ、このような商談は成立する。産地側も選別されるのである。これが「足し前」問題の現実的解決と考える。

※「足し前問題」とは、農協などの出荷団体が出荷品について卸売市場での取引価格に不満を持ち、さらに増額して（足し前）送金することを要求する行為である。農協は出荷奨励金が欲しいので委託出荷扱いで出荷しているから卸売業者は買付集荷としないと卸売価格が二重になることは経理上認められないが、それは委託買付という違法行為になるために、卸売業者は「裏金」から捻出することになる。これに税務署が目をつけて各地の卸売業者に監査に入り、足し前分を使途不明金として５割の税金と、未納による重加算税を徴収しており、問題となっている。その解決を認定制による各卸売市場での取引ルール設定ができることを利用した解決策の提案である。

６　「所属卸売市場への貢献度」という概念について

卸売市場に所属する市場企業（卸売業者、仲卸業者、売買参加者、関連事業者など）は、なんでも勝手な商売をしていいと言うことではない。民設民営卸売市場ではオーナーである卸売業者がそれを許さないだろうし、公設卸売市場では、その卸売市場の維持が大切なので、それに非協力的な市場企業をなんの注意もしない開設自治体は、市民納税者に対する義務を怠っていると言わざるを得ない。

各卸売市場で独自に取引ルールを決められるのだから、「所属卸売市場への貢献度」という概念を導入して、例えば、卸売業者が所属仲卸業者や売買参加者を軽視して第三者販売に走ったり、仲卸業者が高率の直荷引を行ったりする行為、あまりにも取扱額が少ない、などを規制することができる。

７　市場業者の新陳代謝を

現行卸売市場法下では、卸売業者も仲卸業者も、一度許可を受けて卸売市場特に公設卸売市場に入場すると、かなり衰退しても使用料を支払っている限り、開設自治体が強制的に許可取り消し、退場を命じることは出来ない。中小企業を守るという行政目的はあるにしても、そのような無気力な市場企業が増えると、その卸売市場の衰退の原因となる。これが、いまの卸売市場の病根のひとつである。

仲卸業者が退場し、新しい有力な仲卸業者が入場したケースでは、それがその卸売市場の活性化の起爆剤となり、生き返った例もある。市場企業の新陳代謝ができるしくみが必要である。相当な抵抗はあると思うが、各卸売市場で取引ルールの設定ができるようになったのだから、開設者は不退転の気持ちで、新陳代謝ができるしくみ、つまり、卸売業者、仲卸業者登録の期限制を設けることを検討していただきたい。

そのときに登録を更新するための基準として、６の「所属卸売市場への貢献度」という概念を応用できる。

８　認定制卸売市場で容認される多機能化について

前述したように、認定制卸売市場では、卸売市場機能以外の施設の設置などの自由度が拡大される。これを活かして多機能化するのは、大きな可能性がある反面、多機能化に失敗するリスクもある。このあたりを考察したい。

①都市計画法との関係。地元機能の付与で活力創造プランを活かそうとするとき、卸売市場用地の用途指定による制限がかかっていると、それに抵触することが考えられる。現にそれで行き詰まっている卸売市場がある。特に工業地域においては制限が厳しい。その他では、市長などが特例として認めるという道があるので、関係方面とよく協議するとよい。

②多機能化の方式としては、

a）卸売市場施設を寄せるなどして余剰用地を生み出し、そこに観光等の施設をつくって利益を生み出す。⇒利益が大きい可能性がある一方で、利益がないリスクもある。

b）余剰用地を他業種（例えば量販店や専門店など）に貸し、他業種が店舗等をつくって地代を収入とする。⇒収入は安定するが、期待するような額にならない可能性がある。

c）卸売市場施設の上に立体的に卸売市場以外の機能の施設を乗せる。例えば１階を卸売市場、２階をスーパー店舗とするなど。⇒可能性はあるが、種々クリアしなければならない条件も多そうである。

d）東京都豊島区役所方式で、下層に区役所と区議会施設、上層にマンションを建設し、マンションの売上げで、事実上、無料で区施設の設置が出来た例に習えないか。⇒立地条件が限られる。
③卸売市場内に混在させての多機能の営業をする。
などが考えられる。

以上のように、認定制卸売市場における多機能化は、立地条件がよければ大きな成功を収める可能性がある一方で、よく検討して取り組まないと、失敗したときのダメージも大きく、卸売市場の存立に影響しかねない。

市が開設する卸売市場であっても、地域の総力戦となるので、県や他の市町村の応援、共同、連携などで進めるのが成功への道ではないか、と思料する。

第４部　展望編

今回の制度改革では取り上げないと国が明言している事項について、「５年後の見直し」時を含めて、将来的に検討を提案する事項である。

1　歴史的にわが国卸売市場制度は第三段階に

卸売市場法は残ったが、実質的には大きな変更となる。そうなる根本的な原因は、わが国卸売市場史の歴史的必然ということがある。江戸時代からの問屋制卸売市場は、大正時代にわが国の近代化に対応できなくなり、1918（大正７）年の米騒動による食料品流通の透明性確保という治安要請もあって、1923（大正12）年制定の中央卸売市場法ができた。問屋制からの180度の転換を国家として進めることとなったが、問屋の旦那衆が自主的についていけるはずがない。そこで、中央卸売市場の開設認可と卸売業者認可者を国（農林水産大臣）とし、厳しい指導体制を敷いた。当時はこれが必然であった。

しかし、戦後の高度経済成長期になって、農業出荷団体の大型化、小売部門での大型量販店の進出等の需要者の大型化、等が進展し、セリ原則の形骸化、開設区域制と現実の開き、大型民設民営卸売市場の台頭などで事情が変わってきている。

卸売市場整備計画について都道府県の整備計画を前提とする制度も、卸売市場活動範囲の広域化によって無力化してきている。

これらの解決方向として、卸売市場の認定制への移行、各卸売市場による裁量の拡大、公設と民設の同列化というのは必然的と考えるが、公設卸売市場において、広域化と自治体の守備範囲との矛盾は解決するわけでもなく、その葛藤は今後も続くことになる。

いったん出来た制度はその時点を基にしているが、経済はその後も進み、将来的に矛盾が解消すると言うことはない。各卸売市場の自主的判断が可能になった新制度をベースとして、わが国の生産者・出荷者、小売・需要側と最適解を求めながら、卸売市場は変身を続けていく。しかし、卸売市場の制度は不滅である。このことに確信を持って、常に革新の気持ちを持っていただくことを期待する。

2　新しい視点で卸売市場の機能強化ができる道が開けた

平成28年10月６日の内閣府規制改革推進会議提言が出たとき、卸売市場制度はどうなるのか、と関係者はみな思ったはずである。しかし、ふたを開けてみた認定制卸売市場という政府方針は、ほぼ現状を前提として、各卸売市場による設定の自由度を高め、各地域に合った方針を自主的に決められるという前向きの内容という点では評価できる。認可制が認定制になったほかは、むしろ各卸売市場の自由度が拡大され、前向きに考えれば、やりようによっては現実に合った卸売市場の設計が出来る可能性が開けた。

しかし、なにか物足りなさを感じるのは、今ある卸売市場を前提としていて、さらに新時代に合わせての改革、という視点があまり感じられないことである。卸売市場整備基本方針と整備計画が廃止されたが、新しい時代に合わせての卸売市場のイメージは示されないままに各卸売市場の自主性にゆだねたということに、積極性が感じられない。

しかし、民設民営卸売市場も卸売市場整備補助対象とするなど、公民同列化という新しい整備方針が出されたことによって、各卸売市場に積極性があれば、公設卸売市場中心主義であったこれまでにない、卸売市場の機能強化の道が開けたと考える。それは、以下に述べる、卸売市場の機能別の分類による機能間の総合的連携と、都道府県境を超えた広域的視野による市場間連携、連合の具体化という展望である。

3　新制度は、市場間連携の視点がないのが問題

民設民営卸売市場においては、開設区域の概念がないし必要ないが、公設卸売市場では自治体による開設なので、その自治体の守備範囲を明確にしないと公金支出の根拠がないということで開設区域制が設定されていた。新制度では開設区域制は廃止される。その意味については前述したが、実際には、各卸売市場単独での取り組みには限界があり、市場間連携が必要である。しかし、共同して新しい卸売市場を設置するというのは、用地面でも資金面でも市場運営面でも困難で現実性が薄い。かといって、公設卸売市場においては開設自治体が市場間連携の交渉当事者となるということは、これまでもほとんど出来なかった。それは、実際の卸売市場業務は市場企業が担っているからである。

その意味では、これからの市場間連携は、市場企業間連携が現実的だし、それだと、公設卸売市場と民設卸売市場の連携も容易である。

この視点で、認定制卸売市場となって自由度が高くなったことを活用して、新しい卸売市場間の関係を構築していくことを期待する。

4　機能間の総合的連携

第２部で述べた第１種～第４種の機能分類のなかで、地元農漁業者のもっとも身近な存在である第１種卸売市場は、庭先集荷で生産者の便宜を図るなどで、地域密着の機能を果たしている。しかし広範囲の品物の集荷については、第２種～第４種の支援が必要である。順繰りに地元機能と広域集荷販売機能が組み合わされて来て、第４種は、全国の農漁業者からの大量出荷と他市場への分荷（通過物を含む）による集荷支援の任を担っていて、相互が有機的に機能している。これにより、卸売市場は市場外流通とも連携しながら、わが国の生鮮品流通にこれから一層大きな役割を果たせる展望が開けている。

5　広域連携・連合の具体化の可能性が出てきた

特に広域連携・連合が必要な首都圏においては、現行卸売市場法制度ではその実現は困難であった。その理由は、行政としての都県境の壁である。各都県単位で卸売市場整備計画がつくられ、お互いの協議による総合的な卸売市場の立地配置の調整は、仕組み上も難しかった。しかし、地域の広大さと人口集中、都県間の機能を考えれば、総合的に卸売市場の立地配置を検討するのが合理的である。ある都県で必要な用地の確保ができなくても、都県全体で考えれば可能性は広がる。また、今回の改革で、公民同列化というのも追い風になる。新しい卸売市場を敷地を確保してつくるというのは現実的でない場合でも、現存する卸売市場を活かしながら、資本提携を含めて総合的な卸売市場体系とし、中小規模の卸売市場であっても必要があれば分場、支店として存続させれば、地元の生産者・仕入れ業者の利便性も確保できる。

人口が密集して集中している関西圏においても、広域連携・連合の可能性はあるのではないか。

6　中央と地方という呼称の差別性

⇒中央と地方の区分け呼称は、５年後の見直しの際にできれば再考を

規模が小さい中央卸売市場から、新制度で中央卸売市場と地方卸売市場の線引きの基準を規模とすることについて、地方に線引きされるのではないか、と心配する声が出ている。これに配慮した融和的な仕分け（例えば、いま中央卸売市場である市場はスライドさせるなど）をすると、せっかくの新制度の革新性が損なわれるのではないか、と憂慮している。

このような声が出る背景には、「中央」と「地方」という言葉が持つ差別性があると考える。新制度における卸売市場については、差別感がない呼称として全体を「**認定卸売市場**」とすることを提案する。それに付加して、規模の表示として第１種～第４種の機能別分類を付記すれば、公設なら○○市認定公設卸売市場（第○種）、民営なら、○○認定卸売市場（第○種）となる。認定を受ける卸売市場だから認定というのは自然である。

こうすると、差別的印象は薄れ、新制度への抵抗感が薄れるとともに、卸売市場の同列的印象が強まり、中央卸売市場と地方卸売市場という前制度の残渣を払拭することにより、文字通り、新制度になったというアピール効果を挙げることが出来ると考える。今の卸売市場制度では、中央と地方というのが、ある意味での呪縛となっている気がする。

7　民設卸売市場への支援について

民設民営卸売市場が公設卸売市場と同列化されたと解釈するが、それについては、民設民営卸売市場といえども共通ルールの遵守を誓約するわけで、卸売市場としては対等であるはずで、同列化は望ましいことと評価する。来年度概算要求で、中央と地方、公設と民設が同列となっていることも支持する。その上で、民設民営卸売市場側から課題として提起されているのは、固定資産税の負担の重さである。固定資産税は基礎自治体が課税権を有するが、卸売市場の公的役割に鑑み、なんらかの減免措置も検討していただけるとありがたい。⇒固定資産税の配慮については、説明会で国に明確に否定された。今後の課題である。

固定資産税は基礎自治体（市町村）の税であるので、減免の補填がなければ市町村財政に影響するという側面があり、難しい問題ではあるが、民設民営卸売市場の声も無視は出来ない。これは政治の問題である。

8　卸売市場老朽化と更新の将来について

筆者が40年問題と名付けた、卸売市場の老朽化に伴う建て替えは、実施したところもこれからのところも大きな問題を抱えている。

近年になって実施したところでは、数十年前の建設コストの数倍のコストとなり、それを使用料に計算すると同じ比率で上がることになる。しかし、バブル崩壊後、市場企業の経営は一般的に低迷し、上がった使用料を支払う体力はなかなかない状況で、開設自治体は使用料の減額を迫られ、そうするとその穴埋めは一般会計つまり税金からの補填ということになり、自治体財政の悪化に直結する。

これから建て替える開設自治体は、認定制により可能になった多機能化を利用して、他からの収入をできるだけ確保し、その分、建設費の縮減と使用料の値上げ軽減に取り組まなければならない。その意味で、認定制を利用した多機能化は必須といえる。

近年建て替えが終わった卸売市場も、数十年後にはまた建て替え問題が起きる。そのときは、自治体による建て替えはいまよりもはるかに厳しいと考えられる。卸売市場制度がわが国で非常に長期的に存続させる必要があるならば、数十年先の卸売市場の施設整備を考えた方針を今から考えなければならない。

恐らくその時には、市場企業が主体となった卸売市場のリニューアルが求められると思われるが、それに備えて市場企業の内部留保を確保しておく必要があるだろう。その日暮らしの状態ではいずれ行き詰まるだろう。

将来的に公設卸売市場制の維持の困難化が予想される中で、卸売市場を永続的に存立させるためには、市場企業の資金力も重要になる。それには市場企業の利益性向上が欠かせない。金融機関からの融資を当てにする場合は、返済能力がなければならない。これをどうするか、が重要な課題である。民設民営卸売市場ではすでにこの問題に直面し対応している。

⇒本書第Ⅱ章の４　被災地の最前線で売り上げ拡大の民設民営卸売市場（石巻青果（株））参照

９　物流事情深刻化への対応

新方針では、「食品流通の合理化」という大項目の中で、物流等の合理化が方向性として示されていて、配送の共同化等による物流の効率化が例示されているが、東京、大阪などの全国的拠点に、かなり広範囲の卸売業者向けの出荷品が降ろされ、そこへ各卸売業者が出荷品を取りに行く行為（通過物と呼ばれている）がかなりの規模で行われている。東京・築地市場の正門付近に深夜に行くと、その光景がよく見られる。

運送費は大部分が荷を受ける卸売業者の負担で、卸売業者の経営を圧迫している。出荷者や運送業の実情を考慮すれば、共同荷受機能は、卸売市場や生鮮食品等のみならず、全ての物資輸送で基本的なシステムとするべき国家的課題になっており、全ての関係者ができるだけ公平かつ円滑になるよう、取り組む必要がある。

卸売市場においても、「通過物」を基本的機能として、物流システムや市場間・市場企業連携のシステムを国が検討することを希望する。

大項目「食品流通の合理化」に「情報技術等の活用」があるが、深刻化する卸売市場の人材不足に対応する取組への国、都道府県の支援と、人材確保が困難なときの情報技術等の活用による対応の強化、も望みたい。

⇒本書第Ⅲ章の１、小林茂典論文参照

10　将来への展望

今回、卸売市場政策の大転換となった認定制卸売市場制度は、公設と民設の同列化、国が一律規制をするのを止め、各卸売市場の自主性の尊重をするなど、将来に向けて前向きの内容を含むと評価している。中央と地方の区別を残すなど、新制度とはそぐわないと筆者が考える部分もあるが、これは現行制度からの円滑な意向を考慮してのことと思料する。

将来的には、開設区域制の廃止に象徴されるように、公設卸売市場制には、開設自治体の守備範囲との矛盾がどうしてもついて離れない。市場企業の経営体力を考えると、公設制からの脱却はかなりの期間、困難とは思うが、公設制下での企業化、公の関与が残る方式（第三セクターなど）も含めて、将来的には、卸売市場の公的役割と卸売市場企業の経営自由度の両立が出来る方向に行くことは間違いないだろう。

それと、現行制度の下で力をつけてきた民設民営卸売市場の公的役割が正当に評価され、役割を十分に発揮出来るようにすることを車の両輪として、卸売市場の活動が展開されていくべきである。認定制卸売市場は、よくできてはいるが硬直化していた現行制度を流動化させる役割を果たすと捉えることが肝要であると考えている。

技術的にも、将来的課題は多い。わが国の根幹を揺るがす最大の問題は人口減であろう。すでに各方面で人材確保が困難になっている。卸売市場も例外ではない。人材確保というのは簡単だが、人材確保の困難な状態を前提として、どう対応するか、という視点も重要である。そのひとつの方法として、ICT化、AI化が注目されている。卸売市場ではそれ以前で、取引の複雑さからICT化さえままならない状況である。これらの改革には広い視野と専門家の支援が必要であるが、前提として卸売市場関係者の意識改革も必要である。

どのような時代になろうとも、基本は各卸売市場の創意的取り組みである。これが可能な体制をつくり、改革を続ける意欲と力がある限り、将来とも卸売市場の役割は不滅であると筆者は確信している。

第Ⅱ章　卸売市場などからの発言

1　4つの流通で卸売市場流通の革新を

（株）大田花き・磯村信夫代表執行役社長

農業改革とは第一次産業の競争力を国際レベルに高めるための方向性提示ですが、流通を担う卸売会社においても同様の環境でしょう。一方で我々が本来もっている機能を丹念に見直してみれば、これまで培ってきたスキルを時代に合わせたサービス体系に変換し提供する事で十二分に対応できるものとして経営にあたっております。幸せの青い鳥は手近にあって、まずは気がつく事が重要です。モノがあり購入したい方がいる、それぞれのご要望に応えた品揃えを行う。生産者においては直接小売店に、或いは生活者に販売したいと考える人が増えています。しかし、生産者が納品だけでなく直接に価格の交渉、集金業務、情報提供まで含めて行うとなると、出来る人やできる商品は限られてしまいます。そこで、農産物の流通をコーディネートする卸売会社は欠かせないと思っております。

卸売会社の業務を今風に言えばフルフィルメントサービス業です。内容は商流・物流・情報流・代金決済の４つに分けられます。これまでは出荷者のご要望に応えて総合サービスとして４つを一度に提供して参りました。むしろその方が社会にあっていたのです。この時代が長く続きました。ICTが発展するに従い多くの産業で便利な商物分離がすすみ、総合サービスを個別サービスの集合体であるととらえる事が一般的になりました。我々もその付託に応えるべくそれぞれ個別でもお手伝いし、実費を頂くという事ができるように提案するのがこれからの卸売会社経営には必要な事と思います。

大田花きでは2017年４月より卸会社の機能を分類明確化し、それぞれの機能別に代金をいただく方向性を出しております。繰り返しになりますが、これが国際的スタンダードであり卸売会社の将来像であると考えるからです。

一つ目は商流です。委託品の手数料率を9.5％から8％へ変更しました。インターネット上には様々なマッチングサイトが登場していますが生鮮には目利きが必要であり、とりわけ品種数が多い花きにおいては現物の商品品質を見極め、適切にマッチングするサービスとして欠かせないものですし競争力の源としてあります。

２つ目は、物流に関してのサービス。当社では2017年４月より、場内物流代の一部として、輸送容器兼販売容器が、弊社の自動物流装置で対応出来るものは50円、対応出来ないものは100円をいただくこととしました。但し、苗物は販売単価や容積から例外的に１トレーあたり50円としてサービス提供しています。

社会全体では自動化・ロボット化及び高度な品質管理が指向されており、生鮮業界にも導入必至な技術です。自動化には様々なコードの統一化が欠かせませんがまだまだ未整備であり早急に構築する必要があります。また、品質管理には一定の投資が必要となるため体力もしくは専門の物流業者とのコラボレーションが増えるものでしょう。

３つ目はマーケティングリサーチや新しいものを一緒に作っていくという情報知識（情報流）です。当社においても現在は委託手数料に含まれておりますが、今後はこのようなノウハウ提供はコンサルティングという形での業務サービスとして考えています。農業分野全体でみれば既に複数のコンサルティング企業が新規参入し、生産から流通販売までのノウハウ提案を行っております。市場法改正により取引の有無に関わらずコンサルティング業務だけ提供する事も可能になるのではないでしょうか。

最後の４つ目が代金決済です。資金の流れについては、卸売市場に入場する卸売会社なので、出荷者からお預かりしている売立代金はいの一番に、どんなことがあってもお返しします。買参人に対しては、期日までに支払われなかった場合、即刻取引停止となります。また、今のところ資金流で金利を頂くことはしていません。花きの支払いサイトと一般的な支払いサイトが違うこともあり、一部の会社は長めの支払いサイトで金利を貰いながら運用していることもあるかもしれません。「支払いを待ってくれ」と言われた先から延滞利息を貰っている卸会社もあるようです。決済についてはインターネット上でも様々なサービスが開発されている事・キャッシュレスな流れなどもあり新しい技術も無論取り入れていくべき事と捉えています。

「市場外流通」という言葉は過去のものになっていく可能性があります。しかし、日本の鮮魚、青果、花きは圧倒的に市場流通しているし、市場流通が優れていると思っています。生鮮の本物を買ってもらう為にはどうするか。そこから仕事を組み立てるのが「普通」の仕事のやり方です。

ヤマト運輸やアマゾンの経済行動をつぶさに見るにつけ、我々業界人は中小零細企業の集まりではありますが、志を同じくする者同士で、しっかりしたサプライチェーンを創っていく必要があります。

2　横浜丸中グループのしくみと実践

横浜丸中ホールディングス㈱・原田　篤代表取締役社長

横浜丸中グループは横浜丸中青果（横浜本場拠点－集荷・産地開

発)、横浜市場センター(横浜南部市場拠点－販売・加工・小分け)、横浜ロジスティクス(横浜南部市場拠点－物流・センター管理)及び横浜丸中ホールディングス(横浜本場拠点－グループ総合管理)で構成されている。事業所としては横浜本場、南部市場、湘南藤沢市場の３か所がある。横浜丸中ホールディングス㈱は平成27年４月１日に発足し、上記の他３社との連結決算を行うこととした。

横浜・神奈川は東京に隣接し大田市場、築地市場といった大市場も近く、立地的には東京の各市場から十分に配送可能な地域であるため、顧客の目を当社に向けていくためには東京の各卸売会社とは異なる機能や特徴を持たなければならないと思い、平成10年頃から20年近くにわたって取り組みを進めてきた。取り組みの中心は平成12年に設立した販売・加工機能を持つ横浜市場センター、平成17年に設立した物流機能を持つ横浜ロジスティクスを活用して南部市場内に量販店やコンビニ、中食・外食チェーンの青果センターをつくり、顧客の獲得と拡大に努めることである。スタート当初は自らが顧客開発に取り組み、当時はこのような取り組みは珍しかったこともあり、他市場や市場外流通の顧客を大手取引先も含め面白いように増やすことができたが、南部市場という広大なスペースと開設者である横浜市の理解に恵まれた結果であると思う。この仕組みで順調にいくと思っていたが、平成24年度にほぼ一年を通じた野菜の相場低迷という事態を迎えてしまい、この年、横浜丸中青果は何とか最終黒字は確保したものの、平成24年度のような状況が続くようであれば、横浜丸中青果単独での経営は将来的に厳しいのではないかと考え、上記の２つの子会社はまだ安定経営とは言えなかったが、コンスタントに利益が出せるようになってきたので、ホールディングスを設立し連結決算をすることにした。平成24年度の結果が出た後の平成25年度から準備を始め、26

年度の株主総会で了承を得て、平成27年度から横浜丸中ホールディングスがスタートした。

平成25年度以降は平成24年度のような野菜の相場低迷はなかったが、今年度（平成29年度）の特に前半は横浜丸中青果の業績は厳しく、他の２社でカバーしている状況となっているので、そういう意味では連結決算を行う効果は出てきている。しかしながら連結決算で黒字になれば良いという考え方ではなく、各社が単体で安定して利益を出しつつ、相乗効果を出しながらグループとして全体で発展していくことを目指している。

ホールディングスの形態にしてからまだ２年なので、この形態による経営についてはまだ十分に把握できてはいないが、平成28年度から横浜丸中青果の社長を降りて横浜丸中ホールディングスの社長に専念することになったことにより、取引上密接な関係にある他の３社との間ではどの会社との利害関係もない行司役のような立場となっている。

各社が買い手、売り手、下請けであったりするグループによる経営で難しいところは、各社が緊張感を持って厳しい取引を行いつつも、逆にあまりにグループ会社を利用しないと全体のメリットも出てこないところにあり、各社が他のライバル会社に負けない実力を持ちつつお互いに高め合っていくのが理想であるが、そのレベルになるまではある程度グループ内で育てていくことも必要である。そういう意味では多少の理不尽さがあっても各社の社長にグループ会社の活用をお願いしなければならない場面もあり、各社の独自性、自主性を損なわない程度にグループ全体の発展にも協力してもらう必要がある。

その他、横浜丸中青果の社長を降り、どの会社の役員も兼務していないことによるメリットとして、各社の中では手が回らない課題を第三者の立場で取り組むことができることもある。具体例としては現在、横浜丸中青果では働き方改革、時間短縮に取り組んでおり、当面の目標として休市日出勤を含む月の超過勤務時間を60時間以下（１日３時間以下）に抑えることとし、11月の時点で営業社員の85％が達成できたが、横浜丸中青果の社長であった８年間にはこのような取り組み成果は全く出せなかった。営業社員の負担を減らすための物流メンバーや夕方や休市日の営業アシスタントを増やすことは、自分が社長の時にはコスト増加が気になり、なかなか進まなかったし、各チームリーダーとの意見交換も、かつての社長と社員という関係の時には今ほどオープンな気持ちでできなかったのではないかと思う。このような動きをしながらグループ各社の社長、幹部が日々忙しく、なかなか手が回らない課題を一つ一つ解決のきっかけをつくり、後押ししていくこともホールディングスとしての大事な仕事であると感じている。

現在、湘南藤沢市場においては開設者である湘南青果の社長として民営化後６年目を迎える同市場の運営を行っているが、この市場においても今後ともこれまでの卸売市場ではなかった新たな仕組みをつくっていきたい。昨年より同市場の発展とともに商標ブランドである「湘南野菜」の拡大やグループの発展につながるような取り組みを検討しており、今回の法改正は追い風であると感じている。ホールディングスによる経営はまだまだ未熟ではあるが、当初目指していたように、他の卸売会社にはない機能と特徴を更に加えながら、これまで培ってきた機能に更に磨きをかけることで国内オンリーワン企業を目指していきたい。

3　徳島県内産水産物の半分を地元集荷している努力

徳島魚市場（株）・吉本隆一代表取締役社長

徳島市中央卸売市場の取扱高÷徳島市人口の数値は、青果部78,377円、水産物部105,673円で、開設区域内にほぼ十分に供給している全国卸売市場の平均値が青果、水産とも３万円程度であるのに比べて非常に大きい数値を示している。これは、徳島市中央卸売市場が非常に大きな集荷力を持っている端的な数値である。特殊な産地市場を除いては、全国でもっとも高い集荷力の水準となっている。

徳島県内出荷量のうち、徳島市場への出荷量は下表に示したところで、特に水産において県内産の高い集荷比率を示している。

このように高い県内産集荷率を確保するために、当社はどのような取り組みをしているか、との編者からの問いかけであるが、当社は特別なことをしているわけではないが、以下の点に特に気をつけており、結果として徳島県内水産物生産者、生産者団体のご支持をいただいていると考える。今後もさらに努力を続けたい。

徳島県内の生産・出荷量のうち徳島市中央卸売市場の入荷シェア（単位：ｔ）

	県内漁獲高	徳島市場扱い	比率	県内青果出荷量	徳島市場扱い	比率
平成26年	26,118	13,047	50.0%	202,869	38,937	19.2%
平成27年	24,764	11,119	44.9%	192,642	37,128	19.3%

徳島県、徳島市資料から（徳島市提供）
徳島市中央卸売市場の水産、青果とも各２卸売業者の合計値

①鮮魚の鮮度が落ちないよう大切に扱い、出来るだけ高く売る工夫をしている。

例：氷を常に用意する。冷温濾過殺菌装置（タンク）を設置し、売場で活魚に新鮮な海水を供給する。

②高級魚は出来るだけ活魚で出荷するよう指導している。セリにかけ

る直前にシメるようにして活きの良い状態で売る。

③産地での入札業者の減少により自然と入札価格が安くなり、漁業者の手取りが減るため、まとまった品物は組合の共同出荷で送ってもらい、当社がセリにかける物、県外へ出荷する物に仕分けして販売先を決める。

④販売は当社直接の移送または仲卸通じての県外販売もある。販路は北海道から九州まで多様。品物によっては輸出または加工販売する。

⑤県外からの活魚の注文は、活魚ボックスまたは水槽車で相手先まで届ける。

⑥県漁連や各単協と常に連携し、互いに協力して価格維持に努めている。特に養殖魚は養殖業者と提携して資金面その他で協力関係を構築。ギブアンドテイクで常に業者の利益も考えて営業活動をしている。

⑦最も大事なことは得意先の開拓（良い販売先を確保するための営業活動）。

⑧前売りはセリを中心とした販売。公平、公正な価格を付けることにより荷主も納得する。品物が集まれば買い手も自然に集まってくる。

４　被災地の最前線で売り上げ拡大の民設民営卸売市場

石巻青果（株）・近江恵一代表取締役社長

わが社の沿革は以下の通りである。

昭和47年12月　石巻地方３市場併統合により株式会社石巻青果設立

昭和48年１月　石巻市青果地方卸売市場にて営業開始

昭和51年４月　花き部併設、株式会社石巻花卉園芸入場　石巻市青果花き地方卸売市場と名称変更

平成８年10月　仲卸６社入場、買出人制度新設

平成17年２月　石巻市から開設許可の譲渡を受ける。石巻青果花き地方卸売市場と名称変更（民営化）

平成22年１月　石巻市から東松島市に市場を移転開場

石巻青果市場は、昭和48年に地域農産物の拠点卸売市場として開場した。その中にあって株式会社石巻青果は卸売市場法の精神に則り公共的、社会的使命に立ちながら、安全、安心な青果物の供給に尽力してきた。安心して食することのできる新鮮な野菜や果物を安定供給することにより、消費者の健康増進や食卓に季節感を醸し出す食材によって食の多様化や食生活の向上に取り組んできた。さらに多様化する青果物流通の中にあって、地域農産物流通の一翼を担い卸売市場としての役割を果たす所存である。消費者への情報発信や生産者への情報発信を強めながら、真心のこもったきめ細かいサービスに心がけたい。

当社の最近７年間の取扱高は下表の通りである。ご覧のように、当社はほぼ一貫して取扱高を伸ばしてきて180億円の大台に到達した。先の大震災の年だけ下がる結果であった。石巻に到達した大津波は３km内陸にある当市場にも到達したが、地盤を１ｍかさ上げしてあったので冠水を免れたが、周辺一帯は水没した。震災後は、被災地支援

７年間の取扱高　（単位：千円、％）

	野　菜	前年比	果　実	前年比	合　計	前年比
22 年度	10,133,318	103.9	5,833,889	116.5	15,967,207	112.6
23 年度	10,083,822	99.5	5,682,209	97.4	15,766,031	98.7
24 年度	9,915,503	98.3	5,845,543	102.0	15,761,046	100.0
25 年度	10,507,671	105.9	6,078,720	103.9	16,586,390	105.2
26 年度	10,518,921	100.1	6,285,261	103.4	16,804,182	101.3
27 年度	11,280,364	107.2	6,384,199	101.5	17,664,563	105.1
28 年度	11,787,225	104.4	6,554,490	102.6	18,341,715	103.8

の最前線として、生鮮青果物の供給機能を担い、現在に至っている。

当社は元々、石巻市公設地方卸売市場に入場していた。施設老朽化で建て替えの計画が進まず、老朽化施設を無料で使用する方式となったが、屋根に大穴が開くなどしたので、同市場の使用を断念し、独力で西側の東松島市内に用地を購入し、新設をした。施設の構造は、従来の常識的構造ではなく、常温棟と低温棟に分け、低温棟内には、卸売場だけでなく、仲卸の荷さばき場を設け、さらに低温棟の外にトラック積み込み施設を設置した。コールドチェーンシステムはこうして実現している。

なお、青果部門の取扱い拡大に伴い、市場用地を拡大し、市場内にある花き部門を移設する計画で、現在、計画を進めている。

当社の販売範囲は、西は仙台、東は気仙沼に至る宮城県東部から中央部を中心としている。民設民営卸売市場なので、国等の補助金は一銭もなく、土地代は自己資金でまかない、施設建設費は銀行融資で、その年返済金額を上回る営業利益を確保する必要があるという「背水の陣」で、社員一同、緊張感をもって今後とも頑張っていきたい。

5　市場経由率が少ない中での食肉卸売市場の役割

東京食肉市場（株）・小川一夫　代表取締役社長

食肉の卸売市場経由率は、下表のように年々低下傾向を示しており、水産、青果、花きに比べると非常に低い水準にある。しかしながら食肉も生鮮食料品等を取扱う卸売市場の一部類として、今後とも卸売市場の一翼を担うことが重要であると考えている。

食肉処理の大半は食肉センターで行われているが、ここでは相対取引であるために、取引の指標価格を必要としている。現在では、牛肉については当社が、豚肉については、東京、横浜、さいたまの３食肉市場の平均価格が指標となっている。

牛肉も豚肉も価格形成はセリ方式で行われており、それを行う食肉市場は、卸売市場経由率は低くとも、食肉流通に欠かせない役割を有している。これは今後とも変わらないと考えている。

全国の食肉卸売市場経由率の推移（%）

	合計市場経由率	牛肉市場経由率	豚肉市場経由率
平成元年	23.5	43.4	13.5
平成 10 年	15.5	20.3	12.1
平成 20 年	9.8	15.8	7.0
平成 26 年	9.5	14.8	6.9

当社の取扱額の推移と当社のシェア（億円、%）

	牛　肉	豚　肉	合　計
平成 23 年	769	59	828
平成 24 年	884	58	942
平成 25 年	995	83	1,078
平成 26 年	1,094	96	1,190
平成 28 年	1,198	81	1,279
中央卸売市場シェア（平成 26 年度）			43.8%
全国市場シェア（平成 26 年度）			29.2%

しかしながら、食肉流通の世界も大きな変化の最中にあり、卸売市場が担う集荷・分荷機能では、国内向けへの食肉の安定供給から、近年の諸外国での和牛ブームを背景とした外国人観光客によるインバウンド需要の拡大、そして国を挙げての和牛を中心とした世界進出への動きからその役割も変化を遂げてきている。

今後、卸売市場に国際衛生基準であるHACCP等の導入により、海外に一定量が供給できる拠点としての期待が高まっている。

このような中で、2020年に東京オリンピック・パラリンピックが当市場のある東京を舞台に開催される。東京市場から諸外国に向け国産食肉の美味しさや衛生品質の高さを来日した外国人マスメディアにアピールすることで、国産食肉の更なる輸出先国の拡大に繋げて行きたい。

また、卸売市場が価格形成機能を果たして行くためには、コールドチェーンの確立による一定量の市場経由率の確保が欠かせない。

これまで卸売市場では、卸売会社から枝肉でのせり取引を通じて購買者に引き渡され、各業者の加工場でBOXミートに加工され小売店へ流通してきたが、これでは、各加工場、そして小売店へ搬送する中でコールドチェーンシステムが分断される状況にあり、これを嫌気した出荷者が市場への出荷を控える事で経由率の低下に繋がっていると考えている。

そこで、今後、卸売市場内に加工施設を建設することが必要であり、これにより生体の入荷に始まり、枝肉での取引、場内でBOXミートへの加工を経て商品出荷とすることで、一貫した生産体制の確立が可能となり、これにより市場経由率の回復に繋がるものと考えている。

当社として、今回の卸売市場法改正の動向次第では、これまで主体であったセリ取引から、ITやネット技術を利用した、新たな取引方法を模索する機会になると捉えており、新たな卸売市場を経由した食肉の流通システムの検討を積極的に進めて行きたいとおもっております。

6　認定制で第三セクター化が進む可能性も

高崎総合卸売市場・米桝秀二事業部長

卸売市場新制度の行方はまだまだ不透明ですが、それが新事業の開拓に有利な環境変化をもたらすものであるならば、人と物と情報の集積拠点である卸売市場は、その立地の利便性や膨大なインフラの有効活用等によって、新たなビジネスチャンスの宝庫になる可能性も秘めています。

卸売市場の経営者である開設者の今後の責務は、自分の市場の特性を熟知し、その経営資源を見い出し、縦横に活用すること等で、新しい市場機能を創造し、市場の発展や活性化を実現していくことになっていくのではないかと考えます。

昭和54年に開場した高崎市場は、第３セクター方式により開設会社を行政と業界が一致結束して設立し、中央卸売市場に匹敵する大規模な青果水産花きの地方卸売市場としてスタートしました。

当初から、高崎市場運営の基本理念は「行政は行政の責任を果たし、業界は業界の責任を果たす。」という双方向のもので、巨額の国費、県費そして市民の税金を投入して作った社会資本である卸売市場の公的性格を守りつつ、運営においては企業的な効率性を生かすことで自立した会社経営を実践していくことでした。

第３セクター開設会社は、自立した会社経営を目指すため、独自の発想と方針を掲げ、様々なユニークな事業を展開してきました。

平成13年に、国の中核的地方卸売市場整備事業の認定第１号として全国で初めて閉鎖型の水産大物低温卸売場（450㎡）を整備したことを皮切りに、塩冷卸売場（580㎡）や鮭鱒卸売場（70㎡）などの低温化も進め、水産卸売場の低温化率は70％に達しました。

平成16年にNEDOのFT事業の採択を受け開始した太陽光発電施設の整備は、卸売市場の平面的な施設特性と日照時間の長い地域特性を生かして、これまで３度に渡って実施し、現在では地方卸売市場では全国最大規模の875kWになり、今も増設を進めています。

長く競争関係にあった近隣の青果卸売会社と場内の青果卸売会社の経営統合のために開設会社の市場長が仲立ちし、「分社型共同新設分割方式」により平成18年には新たな青果卸売会社が発足し、２つの地方卸売市場の統合が実現するに至りました。

愛知や滋賀の第３セクター市場や一部民営市場で行われていた市場の一般開放等に学び、平成15年から月２回の一般開放事業「ニコニコ感謝デー」を開始しましたが、今日では仲卸や関連店舗にとって重要な収益源として、また高崎市場を象徴するイベントにまで発展しました。

開設会社は更に、精算事業や廃棄物処理事業、冷蔵庫事業等の様々な事業体の設立や経営にも直接参画し、事業体の健全な発展のために人材やノウハウの提供を行うまでになっています。

新たな制度の下にあっても、卸売市場が流通基盤施設として引き続き役割を発揮していくためには、市場関係者はこれまでの実績や経験にすがるのでなく、環境変化に対応して自らを変えていく姿勢を持たなくてはならないと思います。

そして、開設会社はこれまでと変わらず市場の公的性格を守りつつも、新しい市場のあり方を研究し、創造性、企画力、経営力、市場運営ノウハウを高め、企業として卸売市場を経営する、マネージメントするという立場で業界と協働していくことが重要ではないかと考える次第です。

認定制卸売市場となる新制度では、公設卸売市場からの開設運営体制の変更が進む可能性があり、その受け皿の選択肢として第三セクターも可能性があります。それについてお役に立てれば幸いです。

7　花きの販売促進活動費用の捻出を

日本洋蘭生産協会・茂木敏彦会長

このところ、花きの消費の減少傾向が見られ、卸売価格の低迷から生産意欲にも影響が出てきている。これは、青果、水産も同じだと思う。この傾向を克服するには、消費拡大が一番だが、そのためには販売促進のためのプロモーション費用の捻出が必要である。

オランダでは、業界のことは自分たちでコントロールするとの考えから業界内で税金を徴収する機関を設けることができ、事業者は業界課税を支払うことが義務づけられている。徴収された税金は各業界で必要な各種研究・開発、プロモーション費等に利用されている。生産者と商業者の代表はPTとプロモーション機関の理事として加わり、税の用途を決定したり、プロモーション業務を監視したりしている。

わが国ではオープンな卸売市場制度で、同じような方式というのは難しいかも知れないが、わが国でも出来る方法で、プロモーション費用の捻出を検討するべきである。

わが国の卸売市場では、卸売会社の経営は生産者が支払う委託手数料に大きく依存するなど、生産者負担へ傾斜しすぎていないだろうか。

韓国の卸売市場では、公設であっても卸売市場入場時にゲートがあって車両が日本円にして数百円の入場料を支払っている。それを管理者が貯めておいて、施設整備の費用に充てる。するとその分、施設整備の公的な負担が減るので卸売会社の施設使用料が下がり、管理費が安くなる。結果的に生産者が負担する委託手数料率は３％程度と、わが国よりも２分の１から３分の１の水準になっていて、しかもそれでも卸売会社の経営はよく安定していると聞いている。

生産者がいま負担している委託手数料は、生産者にとって決して容易に支払えるものではなく、コチョウランを生産している当社で見ると、経費内訳は人件費29％（上がる一方）、苗題27％、手数料7.8％、電気代7.5％などとなっている。経営を考えれば手数料の経費比率を５％程度に下げて欲しいくらいだが、プロモーション費用として使うならば多少のことは容認する気持ちはある。ただし、買い手側もご協力いただきたい。

花き市場では、この卸売市場法の改正を機に、生産、流通、販売関係者がプロモーション費、各研究開発を負担しあえる仕組みが出来れば、花の消費拡大・花き産業の更なる発展に繋がると確信するところである。

8　産直中心生産者でも卸売市場との連携は大切

農事組合法人　船橋農産物供給センター・齊藤敏之元専務理事

卸売市場に出荷する生産者にとって納得する価格とは、その物が持つ品質が評価され、再生産可能な価格が実現できた時だ。卸売市場は、自然条件によって日々変化する多品目の生産物を、売り手の生産者の立場で少しでも高く売る努力をする卸売業者と、買い手のまちの小売店や料理屋さん、スーパーのバイヤーや食品加工業者などの立場でいいものを少しでも安く買いたい仲卸業者が、公開のセリで価格を決め、分荷するところだ。それを担保にしているのは、価格決定に参加する卸・仲卸の立場を規定する卸売市場法が様々な取引ルールを決めているからだ。

ところが、今回政府が決定した卸売市場法の見直は、卸と、仲卸の立場の規定を緩和する提案をした。その理由を「現実は、双方とも子会社を通じて、第三者販売や直荷引きをおこなっているから」だとする。だが、これらの行為は、それぞれの子会社がおこなう市場外流通であって違法行為ではない。

現在、産地も小売りも大型化し市場外の直接販売が増え、生鮮野菜の６割が加工原料向けになっても、卸売市場の経由率は国産野菜で８割を占めている。これは「直接販売での価格決定への不安」からだと大口の実需者であるスーパーのバイヤーや加工業者が言うように、卸売市場での価格形成機能や荷揃え機能に信頼を寄せているからだろう。

1960年代後半から、産地で始まる出荷規格の細分化による出荷経費の増大と、消費地で広がる見栄え重視や加工割合の増大、小売りの大型化などから、消費者価格に対する生産者価格の割合が減ってきた。これに対して、「生産者と消費者双方のメリット」をめざした地域生協との「産直運動」が始まった。

産直事業は、卸売市場ともかかわりながら様々な試行錯誤を繰り返しつつ、生産者の安定的な経営を維持し、後継者に引き継がれている。

全国各地で広がったこれらの取組が消費者にも支持された要因は、品質に見合うものを安定的に双方が納得できる価格で供給し続けていたことにある。その「納得する価格」は、卸売市場で形成された価格に大きく影響されていた。

この価格形成機能をささえているのは、セリに参加する卸・仲卸の役割を厳格に規定し、受託拒否原則、差別的取り扱いの禁止、入荷情報や現物の品質評価などによるセリを、公開でおこなっているからだ。

2017年10月に発表された大田市場青果部経営戦略でも、「大田市場での決定価格は、日本全国の指標として参照され……他の卸売市場では価格形成が困難な商品であっても、その蓄積されたノウハウで価格を付けることが可能になっている」と指摘し「その機能をより一層強化していく」と述べているように、現在の卸売市場法が規定する経済民主主義につらぬかれた価格決定機能を公的に保障していることへの信頼が、直接取引などの指標として多くの支持を得ている。

しかし今度の政府提案は、この信頼の基礎になる卸・仲卸の規定に手を付けた。この規定がなくなれば、卸は、産地と実需者を自由に結びつけることが可能になり、仲卸は、直接産地と結びつくことができるようになる。

これでは、これらの荷が市場に上場されても、受託拒否や差別的取り扱いは事実上機能しなくなり、全農は、これら買い手の要請に対応する組織にさせられることになるのではないだろうか。

いま全国的に発展している「道の駅」や「直売所」は、生産者がなんでも出荷でき、納得できる価格で販売できることにある。この発展は、かつてあった、民設・民営の「村の市場」がなくなり出荷先を失った農民が、大型共販から落ちこぼれた農民たちが、始めた自主的な取り組みも一つの要因として発展したものだ。今では、この直売所と地方市場との連携が始まっているところもある。

卸売市場法の原則である公的機能を堅持し、経済民主主義を貫き、誰でも量の多寡を問わず出荷できる、消費者も小売店も大型スーパーもだれでも参加できる卸売市場は、世界の宝だ。

かつて、1980年代後半、アメリカの流通資本は、「小売店舗と住居が一緒になっている日本の商店街があるから日本に進出できない」と、大規模店舗の出店規制を撤廃させ、地域コミュニティーの中心だった商店街をつぶした。

しかし、日本列島の豊かさをささえた卸売市場は残っている。いま大事なのは規模の大小ではなく、大田市場や築地市場のような建値市場から、地域の生産者と消費者に支えられた民設・民営の市場を含め、それぞれの市場が持つ公的な機能と役割をしっかり分担し、それらを支え保障する仕組みをつくれば、生産者の出荷場所は確保でき、買い物難民を出さないことは可能だ。

第Ⅲ章　研究室からの発信

1　物流機能の一層の活用による、効率的かつ安定的な流通体制の構築

小林茂典（農林水産省農林水産政策研究所）

平成29年12月８日、政府は「農林水産業・地域の活力創造プラン」を改訂し、今後の食品流通構造改革の基本的方向を示した。これは、「生産者・消費者双方のメリット向上のための卸売市場を含めた食品流通構造の改革」と題し、生産者の所得向上や消費者ニーズへの的確な対応に向けて、「食品流通の合理化」と「生鮮食料品等の公正な取引環境の確保」を２本柱とする改革の基本的枠組みを示したものである。この基本的方向を踏まえた上で大切なのは、生産者・消費者双方のメリットとは何か、そのためにどのような流通の仕組みづくりが必要なのか、そこにおける卸売市場の位置と役割はどのようなものなのかを明らかにすることである。ここではこの点について、流通、特に物流の観点から検討する。

（1）生産者・消費者双方のメリットについて

まず、生産者のメリットとして、所得の安定・向上がなによりも重要な事項となる。これを流通との関係でとらえると、商品化率の向上、販売先・数量・価格等を事前に決定した契約取引の推進等のほか、流通コストの低減による生産者の手取額の増加が重要な取組内容となる。ただし、ここで重要なのは、物流コストの単純な値下げ要求ではなく、後述する、輸送ロットの大型化・積載率の向上等による、kg・ケースあたり等の単位あたりの輸送コストの低減という視点である。

一方、消費者のメリットについては、消費者ニーズ（及びそれを踏

まえた実需者ニーズ）への的確な対応という視点が不可欠であり、消費者が必要とする機能・便益等の付加価値を向上させた商品供給はその重要な取組内容となる。これを流通との関係でみると、品質管理（コールドチェーンを含む品目・商品特性に適した温度・湿度管理等）や利便性の付与を含む多様な加工等による付加価値の向上はもとより、安定供給の実現に向けた物流活動を付加価値を生み出す重要な構成要素としてとらえる視点が重要である。ここでいう安定供給とは、「必要なところに、必要な時に、必要な品質・形態で、必要な量を、適切な価格で供給すること」を意味しており、消費者（及び実需者）にとって重要な便益といえる。なお、価格面については、小売段階等における一時的な安売りや単純な価格競争に陥らない適切な価格での供給が、持続的な生産・流通の仕組みにとって必要であり、中長期的な観点から見た消費者のメリットにもつながるものと考える。

（2）求められる、効率的かつ安定的な流通

生産者・消費者双方にメリットのある流通に不可欠な内容を、このようにとらえるならば、その流通構造の確立を図るためには物流機能の一層の活用が重要となる。

この場合大切なのは、流通を取り巻く環境の変化を踏まえた対応という視点であり、少なくとも次の３点への対応が必要となる。

第１に、トラックドライバー不足等を背景とする、従来型のトラック物流の困難化への対応である。これについては、トラックドライバー不足が、長時間・低賃金労働等の厳しい労働環境に基づく構造的なものであることから、①トラック物流における、トラックドライバーの負担の軽減と、②幹線輸送手段をトラックから鉄道・船舶へ転換するモーダルシフトの推進、の両面からの対応が必要となる。このうちト

ラックドライバーの負担の軽減については、運転時間の縮減を可能とする、「トラックリレー」等による中継輸送やモーダルシフトの推進等のほか、荷の積み降ろし等を手作業で行う手荷役からフォークリフト等を使用する機械荷役（省力型荷役）への移行による、過重労働の改善が必要である。また、各輸送手段共通の重要な物流の視点は、輸送ロットの大型化や積載率の向上等により、「規模の経済」に基づく単位あたりの輸送コストの低減を図ることであり、そのためには、混載や共同輸送（中継輸送を含む）が重要な取組事項となる。

こうした点にも関連して第２に、国土交通省が制定し、トラック事業者と荷主の契約書のひな形となる「標準貨物自動車運送約款」の改正（平成29年11月４日施行）による、輸送と荷役等を分離した運賃・料金体系の実施への対応も求められる。これは、それまで範囲が不明確であった運賃を「運送の対価」として定義し、それ以外の荷役（荷の積み降ろし等）等の作業に係る料金や待機時間料等を別建てとするものであり、輸送・荷役等の物流活動への適正な対価を支払った上で、共同物流による単位あたりのコスト低減を図る取組が重要となる。

これらに加え第３に、異常気象の発生頻度の高まりという環境変化への対応も、安定供給の実現という観点から重要な取組事項となる。これについては特に、天候不順等に伴う作柄変動の不安定さが増す中で、「現物確保」による安定供給を図る観点から、当該時期に収穫されるものだけでなく、当該時期以前に収穫された品質状態のよいものを一定量、ストックポイント等で一時貯蔵し、これをグループ内で計画的に利用して「モノ不足」状態に陥るリスクの軽減を図るという視点（共同保管を含む）が重要である[(1)]。

以上の点を踏まえながら、生産者・消費者双方にメリットのある流通について、物流機能の一層の活用による、効率的かつ安定的な流通

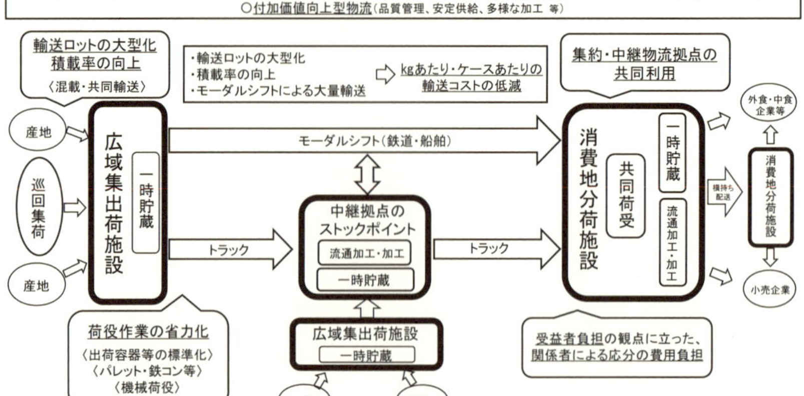

図１　物流機能の一層の活用による、効率的かつ安定的な流通の概念図

の仕組みづくりという観点から模式図的に示したのが**図１**である。これは、関係者による連携と共同を軸とする取組であり、共同物流、付加価値向上型物流、省力型荷役の３点が重要な柱となる。

このうち、共同物流については、輸送ロットの大型化や積載率の向上を可能とする混載・共同輸送の実施に向けた、産地における広域集出荷施設、消費地における消費地分荷施設といった「規模の経済」の効果を活かすことができる集約型の物流拠点の整備が重要であり、それぞれ、県域を越える集荷・分荷規模での整備も念頭に置く必要がある（集荷段階においては巡回集荷によるロットの大型化の取組も考慮

（１）加工・業務用野菜の安定供給体制の構築における、「現物確保」に向けた「一時貯蔵活用型」物流の仕組みづくりと「余剰分」の有効利用（乾燥・冷凍・ペースト等のより保存性の高い形態への加工とグループ内等での利用）の必要性等については、小林茂典「主要野菜の加工・業務用需要の動向と国内の対応方向～2015年度の推計結果をもとに」、『野菜情報』2017年11月号、農畜産業振興機構を参照。

する必要)。また、中継地点におけるストックポイント等の物流拠点の整備も、中継物流を含めた効率的な物流体制の構築という観点から重要であり、これらの集約・中継物流拠点の共同利用とそれを支える共同荷受の仕組みづくりが、モーダルシフトによる大量輸送も含め、単位あたりの輸送コスト等の低減とその生産者への還元の実現に向けて重要である。

また、付加価値向上型物流の観点からも安定供給に向けた流通の仕組みが必要とされ、これについては、物流拠点の中に、上述したような「現物確保」を可能とする一時貯蔵機能を有する施設を整備し、関係者の共同利用（共同保管）による稼働率の向上（品目や時期の組み合わせによる周年稼働）とそれによる単位あたりの貯蔵コストの低減を図ることが重要である。また、この貯蔵に要するコスト等については、受益者負担の観点に立った、関係者による応分の費用負担のルール化も検討する必要がある。こうした「一時貯蔵活用型」物流について、中間事業者（卸売業者、仲卸業者、食品流通事業者等）がコーディネーターとして調整を行う産地リレー出荷との関連でとらえれば、リレー出荷の仕組みの中に、ストックポイント等での一時貯蔵を組み入れることであり、「リレー・貯蔵出荷」と呼ぶことができる。これは、周年にわたる「現物確保」(周年安定供給）を図ろうとする物流体制の構築を意図したものである。

さらに、効率的な物流体制の構築にとって、手荷役から機械荷役への移行による省力型荷役（荷役作業の省力化）が必要不可欠となるが、これについては特に、パレット・鉄コン（メッシュボックスパレット）等を利用した輸送を促進させるため、出荷容器等の標準化（パレットサイズの標準化とその寸法に合わせた出荷容器の規格の統一等）を関係者の合意と連携のもとで推進する必要がある。併せて、GPS機能等も活用した、パレットや鉄コン等の効率的な回収の仕組みづくりも重要である。

(3) 卸売市場の位置と役割

卸売市場は、広域的でオープンな需給会合に基づく価格形成・需給調整を可能とする場であり、多くの生産者・流通事業者等の関係者が連携し共同利用できる社会的インフラとして位置づけられる。

こうした基本的な性格を有する各卸売市場が、それぞれの流通段階で求められる役割（①巡回集荷等の産地支援機能を含む集荷・分荷拠点、②集約・中継機能を有する広域的な物流拠点、③広範囲にわたる需給会合に基づく建値形成・需給調整機能を有するより広域的な物流拠点等）を踏まえながら連携することにより、相互補完的で全体としての物流機能を向上させた流通網の形成が進むものと考える。これは、共同物流（共同輸送、共同荷受、共同保管、施設の共同利用等）がもたらす効率性と、広範囲にわたる需給会合・需給調整に基づく安定供給等の付加価値向上、の双方を兼ね備えた流通体制の構築を図るものである。

卸売市場は、この効率的かつ安定的な流通を支える社会的インフラの構築に必要な物流機能の担い手・受け皿として大きな役割が期待される。

2　卸売市場制度の「周辺的機能」に対する評価
—卸売市場制度研究において残された論点について—

杉村泰彦（琉球大学農学部）

（1）卸売市場制度研究の流れと対象とされてこなかった「周辺的機能」

これまでの卸売市場制度の研究は、物流ベースで状況を捉えようとする研究が品目別に分化しつつ本格化し、その後、大型卸売市場による流通圏の拡大と、市場取引の多様化を背景としつつ、取引問題を中心的課題とする研究へと展開してきた。小売段階の大型化などにより、これらの問題がますます重要になった1990年代からは、公設性の意味そのものを問う研究が、制度面の研究テーマとして登場している。特に2004（平成16）年の大幅な制度変更からは、卸売市場制度が転換期を迎えていることを前提とした研究が数多くみられるようになった。近年の卸売市場研究は、市場による地産地消への取り組みなど、内容を個別化させつつも、全体的には縮小する傾向にある(1)。

卸売市場制度研究は、このような流れの中で多岐にわたる成果を積み上げてきた。これらは当然のことながら、卸売市場本来の社会的役割や流通機関としての本来的機能を対象として議論したものがほとんどであった。しかし、その一方で、卸売市場には、そのような議論から欠落した、いわば「周辺的機能」が存在する。それは卸売市場の機能として明確に位置付けられていない、例えば産地や生産者とのコミュニケーションの保持であったり、「市（いち）」としての賑わいの創出であったり、あるいは豊かな食生活に付随する食品廃棄物の処理であったりする。それらは卸売市場の本来的機能として位置付けられ

（1）卸売市場制度に係わる研究史の整理はいくつか存在するが、比較的新しいものとしては拙稿（2013）がある。

ないにしても、わが国の食品流通、食品資源の循環、延いては食料の持続的生産を考える上で不可欠な機能である。しかし、これまでの卸売市場制度研究において、そのような観点からの研究はまったくの傍流であった。そればかりか、最近の卸売市場法改正、卸売市場制度改革の議論の中では目配せさえされていないような印象を受ける。

今後の卸売市場の姿を考えるのであれば、上記のような、本来的機能とは位置付けられていない「周辺的機能」も含めて卸売市場制度の社会的役割を整理することが必要である。同時に、卸売市場側からもやっていることはやっていると主張していかなければならない。そこで本稿では、産地とのコミュニケーションの保持と、食品資源循環への貢献の２点を題材として、卸売市場制度の「周辺的機能」について考えてみたい。

（2）過剰出荷時における卸売市場の役割

1）20年前の記事にみる過剰時の問題

天候不順などにより卸売市場において入荷不足が発生し、価格が高騰すると、たちまちニュースとなる。消費者の生活問題に直結するのだから、それは当然だろう。他方、入荷が過剰であるときの話を消費者が耳にすることはほとんどない。たいていは、卸売市場の本来的機能としてそれを調整するからである。しかし、それが難しいときもある。

約20年前、日本農業新聞（1997（平成９）年10月11日付）に「もったいない青果物廃棄」と題した記事が掲載された。大田市場において日量20～30トンもの青果物が生ごみとして廃棄されていることを伝える内容で、この背景として事故品の発生を指摘している。ところが、それ以上に、事実上の売れ残りの発生がこの問題を深刻にしているという。大田市場のような巨大卸売市場でなぜ売れ残るのであろうか。記事ではその一因として、仲卸の話を踏まえつつ、需要量を上回るほどの青果物入荷量があることを示唆している。この記事が指摘したような恒常的な過剰状態は、恐らくすでに過去の話であろうが、生鮮食品流通においては、現在でも出荷品の短期的な不足、短期的な過剰を避けることは難しい。

青果物の出荷量は、収穫期の天候によって日別に変動する。産地が雨天であれば、収穫機が畑に入れない、あるいは雨粒がついたまま収穫すれば荷痛みを早めるといった理由で収穫量が減少することもある。そして天候が回復すれば、雨天時の減少分も含めて事前の計画よりも多く出荷される。つまり、雨天が３日続けば、３日の遅れ分が後にまとめて出荷されることになる。青果物でも保存性の高い品目なら産地でも出荷調整ができるし、足の速い品目であってもそれをすべて出荷してすべて販売できれば良い。しかし現実には、小売側にも大型店になればなるほどしっかりした販売計画があるので、それに合わせて仕入れ量を増やすとは限らない。前述の記事では、このような産地事情での出荷量変動にも柔軟に対応し得た八百屋が中心だった時代とは異なり、スーパーなどのPOS管理が主流となったことで仕入れが硬直化しており、そのことがこの問題を深刻にしているという。

2）出荷過剰における卸売市場の「周辺的機能」

このような事態への対応について、A市中央卸売市場の仲卸Bからのヒアリングによれば(2)、大量出荷となり事実上の売れ残りが発生したときには、卸売会社と仲卸が協力して、ある程度の金額で引き取り、少なくとも運賃と箱代部分は生産者に渡るように努力していた。そうしなければ、産地や生産者が経営を維持できなくなるからである。

もちろん、ケースにもよるし、誰に対しても常にこのような対応を

（2）2010年５月に実施。

するわけにもいかないだろう。しかし、筆者のヒアリングではかなりの卸売市場において、具体的な方法の違いはあるものの、同様の趣旨の対応をしていた。

一方の消費者は、普段にスーパーで買い物をしていて、産地の雨天がその数日後の野菜の出荷量に影響することまで意識できる人などほとんどいない。したがって、卸売市場が産地や生産者の再生産維持にまで配慮した商取引をしているということを理解している人は、まずいないのではないだろうか。不作で高騰したときにはしばしば産地の事情が報道されるが、過剰時には、大規模な産地廃棄でもない限りは、消費者が実態を知ることは少ない。そもそも卸売市場の役割についても、農協経由で出荷されたものをただ預かって、せりで決まった価格から手数料を徴収しているだけ、と典型的に認識している消費者がほとんどだろう。それどころか、消費者だけではなく報道機関もよく理解していないのではないか、と思うことはしばしばである。

他方、卸売会社も仲卸もそのような産地への対応を特別なこととは認識しておらず、それはそれで問題といえる。なぜなら、それは卸売市場の本来的機能ではなく、したがって、これは手数料率決定の根拠には含まれない、いわば「周辺的機能」だからである。しかし、それは青果物の再生産維持に重要な意味をもっており、その対応で救われた生産者や産地も多いはずである。

消費者は、安定供給を望むなら、品切れを許さないなら、その裏側に生じる過剰問題をも引き受ける必要がある。少なくとも、これまではその多くを卸売市場や生産者に押しつけることによって、スーパーの店頭までの安定供給を実現してきたことを理解しなければならない。同様に卸売市場側も、「差別的取り扱いの禁止」といった卸売市場原則遵守の観点から余計なことをいわないという考え方もあるのかもしれないが、やっていることはやっていることとして、そのような事情を消費者へ知らせ、自分たちが果たしている役割を理解させなければならないだろう。

（3）食品循環資源の再生利用と卸売市場の「周辺的機能」

もう少し幅広く、食品循環資源の再生利用等、いわゆる食品リサイクルの観点から、より公益的な「周辺的機能」についても整理したい。

数年前に、ある大手スーパーマーケットC社のリサイクルループ構築についての講演を聴き、その内容に大変驚かされたことがある。というのも、C社の方針として、自社の店舗からはもちろんのこと、客である消費者の台所からも廃棄物を出さない売り方を目指しているとしていたからである。そこでは、店舗でのロス率を下げるために適正な仕入れ量を徹底的に分析するし、例えばだいこんであれば、１本売りをしても家庭で余すことが多いので、半分にカットしてから販売する、きゅうりならば５本ではなく３本売りにする、などといった取り組みをしているという。

これ自体は評価すべき点のある取り組みだが、それでは、だいこんが旬を迎えたときや、前述のような事情で短期的過剰が発生したときはどうするのであろうか。通常はきゅりは３本売りであっても、そういうときは４本や５本で売ってもらわなければならない。消費者にはいつもより多く食べてもらわなければならない。確かに、C社の方針は過剰時にあっても、店舗での仕入れのロスと家庭からの残さ排出は増やすことはないだろうが、物体としてのだいこんやきゅうりが消滅するわけではないから、生産、流通過程のどこかから残品として排出させざるを得ない。

スーパーや量販店が小売段階の中心にいる今日、産地、生産者と卸売市場は品切れを避けたいと考える。小売は機能として消費者の立場を代弁するのだから、品切れの回避を要請することは当然のことといえる。そこで、生産者や産地がそれを実現しようと思えば、起こりうる天候変動を織り込んで、実際の出荷計画より多めに生産せざるを得ない。作物が順調に生育すれば契約数量よりも多く収穫される。それはオーバーフローである。小売段階や消費者サイドでそのオーバーフローを受け付けないのであれば、安定供給の代償として、消費者と生産者も含めた流通全体でその処理方策と、そこに発生するコストの分担を考えなければならない。

近年、各卸売市場では廃棄物処理施設の整備を積極的に推進してきた。小売店の店舗や、まして各家庭にまで分散してしまえば、もはや効率的なリサイクルは困難であるから、流通の論理からいえば、卸売市場での処理には一定の合理性はある。しかし、その費用負担は適正な配分でなければならない。前述の新聞記事では、なぜ卸売市場で青果物廃棄が発生するのか、ということについて重要な指摘をしたが、なぜ場内業者と開設者でその費用負担をしなければならないのか、という点については何ら言及していない。

廃棄物の発生は、それ自体が流通機関の機能低下と結びつけて考えられがちなため、卸売市場としても言いづらい面はあるだろう。しかし、これもまた卸売市場の本来的機能とは外れた役割を社会から担わされているのであり、やらされていることはやらされているとはっきり社会に提示していかなければならない。

(4) まとめにかえて

通信業界では、「格安SIM」という低価格の選択肢が登場して以降、通信キャリア大手３社が、災害時などにどうやって安定的な通信システムを維持するか、そのためにどのような投資をしているのか、盛んにアピールするようになった印象を受ける。利用者からみれば、そのような投資は当然のことと捉えることもできるし、少なくとも日々の利用と料金には関係がない。しかし、通信キャリア側にしてみれば、目に見えなくてもやっていることはやっていると社会に訴えて、相対的に高い料金を受け入れさせなければならない。本稿で整理した、過剰出荷時の対応や食品循環資源の処理は、卸売市場にとってのそれに当たるのではないか。

卸売市場制度は中央卸売市場法の制定から社会的インフラとして位置付けられ、流通環境の変化に対応し、当然のように様々な機能を追加させてきた。そこでは、本稿で整理した以外の機能も多くある。過剰出荷時の対応でも発揮されたが、産地とのコミュニケーションもその一つだろう。卸売市場も、農協などと並んで、生産者や産地に寄り添い、ときには買い支えもしながら彼らを育ててきた。その結果として、現在の地位がある産地も多い。このような卸売市場の役割は、今日の制度改革に関わって、将来像のモデルとも捉えられている海外の卸売市場ではあまり一般的ではないように思われる。

このような「周辺的機能」を、消費者が、あるいは「改革」の担い手たちが、よく理解できていないまま制度解体の方向に向かっていくとすれば、それこそ社会的損失を発生させるし、一度なくせばもう元には戻らないかもしれないのである。

参考文献

（１）杉村泰彦（2010）「卸売市場における食品循環資源の飼料化」泉谷眞実編著『エコフィードの活用促進：食品循環資源　飼料化のリサイクルチャネル（JA総研研究叢書２）』農山漁村文化協会、第８章、pp.137-153、2010年。
（２）杉村泰彦（2013）「青果物市場に関する主要文献と論点」、美土路知之・玉真之介・泉谷眞実編著『食料・農業市場研究の到達点と展望（日本農業市場学会研究叢書　No.12）』筑波書房、第１部第５章第１節，pp.87-105、2013年。

編者略歴

細川 允史（ほそかわ　まさし）

卸売市場政策研究所代表
1943年　東京生まれ
1968年　東京大学農学部農業生物学科卒業
1970年　東京都庁に入庁
　以来、東京都中央卸売市場食肉市場業務課長、同大田市場業務課長、労働経済局農林水産部農芸緑生課長、中央卸売市場監理課長、東京都農業試験場長などを歴任
1993年　農学博士号取得（東京農工大学大学院）
1994年　日本農業市場学会賞受賞
1997年　酪農学園大学食品流通学科教授に就任
2011年　酪農学園大学勤務終了
同年　卸売市場政策研究所を設立、代表に就任。現在に至る

現在、総務省地方公営企業等経営アドバイザー、食品流通構造改善促進機構・評議員、東京都中央卸売市場業務運営協議会委員、室蘭市公設地方卸売市場運営協議会委員、日本農業市場学会名誉会員、日本流通学会参与

筑波書房ブックレット　暮らしのなかの食と農　⑹

新制度卸売市場のあり方と展望

2018年2月11日　第1版第1刷発行

編　者　細川允史
発行者　鶴見治彦
発行所　筑波書房
東京都新宿区神楽坂２－19 銀鈴会館
〒162－0825
電話03（3267）8599
郵便振替00150－3－39715
http://www.tsukuba-shobo.co.jp

定価は表紙に示してあります

印刷／製本　平河工業社

ISBN978-4-8119-0527-3 C0061